María de la Luz Bravo-Ferrer Moreno
Cristina Bravo-Ferrer Moreno

Hidroxiapatitos como sustitutos óseos

María de la Luz Bravo-Ferrer Moreno
Cristina Bravo-Ferrer Moreno

Hidroxiapatitos como sustitutos óseos

Trabajo experimental e investigación en un laboratorio de Química Inorgánica

PUBLICIA

Imprint

Cover image: www.ingimage.com

Publisher:
PUBLICIA
is a trademark of
Dodo Books Indian Ocean Ltd. and OmniScriptum S.R.L publishing group

120 High Road, East Finchley, London, N2 9ED, United Kingdom
Str. Armeneasca 28/1, office 1, Chisinau MD-2012, Republic of Moldova, Europe
Managing Directors: Ieva Konstantinova, Victoria Ursu
info@omniscriptum.com

Printed at: see last page
ISBN: 978-620-8-87338-7

Hidroxiapatitos como sustitutos óseos

Trabajo experimental e investigación en un laboratorio de Química Inorgánica

María de la Luz Bravo-Ferrer Moreno

Una versión de este trabajo de fin de grado fue previamente depositada en la Facultad de Farmacia de la Universidad de Sevilla bajo la co-tutela de María Isabel Domínguez Leal y Svetlana Ivanova.

Índice

Resumen 5

Palabras clave 5

1. Introducción y antecedentes del tema 6

1.1 Composición química, estructura y propiedades del hidroxiapatito 6

1.2 Aplicaciones médicas del hidroxiapatito 7

2. Objetivos 17

2.1 Síntesis de hidroxiapatito 17

2.2 Desarrollar hidroxiapatitos porosos (scaffolds) 17

3 Metodología 18

3.1 Síntesis de apatitos por diferentes métodos 18

3.1.1 Síntesis hidrotermal 18

3.1.2 Síntesis por precipitación por vía húmeda 20

3.2 Preparación de probetas para la determinación de las propiedades mecánicas del hidroxiapatito. 20

3.3 Preparación de espumas. 21

3.4 Técnicas experimentales de caracterización 22

3.4.1 Fisisorción de N2. 22

3.4.2 Difracción de Rayos X. 23

3.4.3 Microscopía Electrónica de Barrido (SEM). 24

3.4.4 Microscopía electrónico de transmisión (TEM) 25

3.4.5 Fluorescencia de rayos X 26

3.4.6 Ensayo de compresión 27

4 Resultados y discusión 28

4.1 Composición química 28

4.2 Morfología 28

4.3 Estructura cristalina 31

4.4 Propiedades texturales 34

4.5 Resistencia mecánica 36

4.6. Caracterización de las espumas cerámicas (*scaffolds*) 37

5.Conclusiones 41

6.Bibliografía 42

Resumen

El hidroxiapatito es un fosfato de calcio cristalino muy utilizado como material de sustitución ósea gracias a su similitud con este tejido vivo y a su excelente biocompatibilidad. En este trabajo se realizarán espumas cerámicas (*scaffolds*) empleando distintos polímeros como plantilla, esta estructura facilita la osteointegración de los tejidos permitiendo su crecimiento. Para ello se llevará a cabo la síntesis de hidroxiapatito por diferentes métodos, de forma que permita la comparación del producto obtenido en cada uno de ellos: fases presentes, morfología y tamaño de partículas y propiedades mecánicas del producto sinterizado.

El método de síntesis empleado es importante, no sólo por la composición química del hidroxiapatito, sino también por la morfología y el tamaño de los cristales, ya que van a tener influencia en la toxicidad para las células, la osteointegración, la reabsorción y las propiedades mecánicas. Se ha demostrado la influencia que tiene el método de síntesis sobre las propiedades del hidroxiapatito obtenido, y que la adición de compuestos orgánicos conduce a la reducción del tamaño de cristalización. En cuanto a la resistencia del hidroxiapatito, varía en función del tamaño de partícula, ya que cuanto mayor es éste, mayor es la resistencia a la compresión. Por último, cabe añadir, que los materiales preparados presentan menor resistencia a la compresión que el hueso cortical, pero similar a la del hueso trabecular, por lo que su uso se limitaría a la inducción de la regeneración ósea en zonas del organismo sometidas a un esfuerzo mecánico bajo.

Palabras clave: Hidroxiapatito, síntesis, propiedades mecánicas, espumas cerámicas (*scaffolds*).

1. Introducción y antecedentes del tema

1.1 Composición química, estructura y propiedades del hidroxiapatito

El hidroxiapatito es un fosfato de calcio cristalino que pertenece a la familia cristalográfica de los apatitos. Los apatitos forman una familia de compuestos isomorfos de formula general $Me_{10}(XO_4)_6Y_2$, donde Me representa un catión divalente (Ca^{2+}, Sr^{2+}, Pb^{2+}, Cd^{2+}), XO_4 un grupo aniónico trivalente (PO_4^{3-}, VO_4^{3-}, AsO_4^{3-}...) e Y un anión monovalente (Cl^-, OH^-), siendo la fórmula del hidroxiapatito $Ca_{10}(PO_4)_6(OH)_2$. Los aniones XO_4, en este caso PO_4^{3-}, forman el esqueleto de la estructura, que presenta dos tipos de canales, en el primero de los cuales se sitúan cationes divalentes (Ca^{2+}, en el caso del hidroxiapatito) y en el segundo, tanto cationes divalentes como los aniones monovalentes (OH^- en el caso del hidroxiapatito). La figura 1 presenta la proyección de la estructura del apatito sobre el plano 001 (Domínguez y cols., 2009).

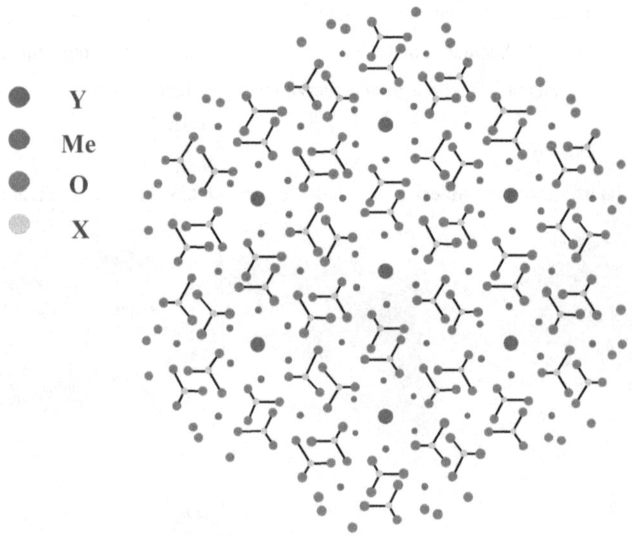

Figura 1. Proyección de la estructura del apatito sobre el plano 001

Entre las propiedades más interesantes de los apatitos, (Narasaraju y Phebe, 1996) (Elliot, 1994) están: su capacidad para admitir un gran número de sustituciones sin que su estructura cristalina se vea afectada, su gran estabilidad química y térmica y su solubilidad débil y retrógrada (disminuye al aumentar la temperatura). Esta versatilidad les permite incorporar otros elementos en pequeñas cantidades, como estroncio, uranio, plomo o terbio, lo que les da propiedades únicas para investigación científica y aplicaciones industriales, permitiendo su uso en distintos campos como cromatografía (Narita y cols., 1995) (Vogt y Freitag 1996), sensores (Nagai y cols., 1988), inmovilización de residuos industriales (Domínguez y cols., 2008) y radiactivos (Carpena y cols., 2001) (Chaumont y cols., 2002), detoxificación de residuos y agua (Deydier y cols., 2003) (Admassu y Breese, 1999) (Ionannidis y Zouboulis, 2003) o como biomateriales (Engin y Tas, 1999) (Raynaud y cols., 2002) (Komlev y cols., 2002).

1.2 Aplicaciones médicas del hidroxiapatito

Es el principal componente mineral de los huesos y dientes en los organismos vivos, ya que la composición química del hidroxiapatito, similar a la composición de los apatitos biológicos, hace que una de sus principales aplicaciones sea su uso como biomaterial y, más precisamente, como sustito óseo. Es por ello que se usa ampliamente en implantes médicos y odontológicos por su biocompatibilidad y capacidad para integrarse con el tejido óseo, también en aplicaciones en regeneración ósea y recubrimientos de prótesis para mejorar la adhesión al hueso.

El hueso es un tejido vivo compuesto por minerales, proteínas, agua, células y otras macromoléculas (figura 2). La fase mineral o inorgánica representa entre un 60 y un 70% en peso del tejido óseo, que contiene además entre un 5 y un 8% de agua, estando el resto constituido por la matriz orgánica, la cual está formada en un 90% por colágeno tipo I y el 10% restante por proteínas no-colagénicas, otros tipos de colágeno, lípidos y otras macromoléculas (Bostrom y cols., 2000).

La fase mineral o inorgánica está compuesta principalmente por un fosfato de calcio análogo al hidroxiapatito cristalino. Este apatito está presente como pequeños cristales en forma de láminas, de 20 a 80 nm de longitud y 2 a 5 nm de espesor. Este contenido mineral del hueso, es responsable de conferir rigidez y resistencia a la compresión, características esenciales para soportar las cargas mecánicas a las que está sometido el esqueleto. Estos cristales están organizados de manera específica en la matriz orgánica, lo que permite una interacción eficiente entre ambas fases, dotando al hueso de una resistencia mecánica excepcional y, al mismo tiempo, una cierta elasticidad para evitar fracturas bajo estrés continuo.

Por otro lado, la fase orgánica de la matriz extracelular del hueso determina la estructura y las propiedades mecánicas y bioquímicas de éste. Ésta matriz orgánica, compuesta predominantemente por colágeno tipo I, actúa como un armazón que proporciona flexibilidad y resistencia a la tracción. Las proteínas no colagénicas, como la osteocalcina y la osteonectina, juegan un papel crucial en la regulación de la mineralización ósea y en la interacción entre células óseas y la matriz.

Este equilibrio entre las fases orgánica e inorgánica es fundamental para mantener la integridad estructural del hueso y su capacidad para reparar lesiones y remodelarse en respuesta a cambios biomecánicos.

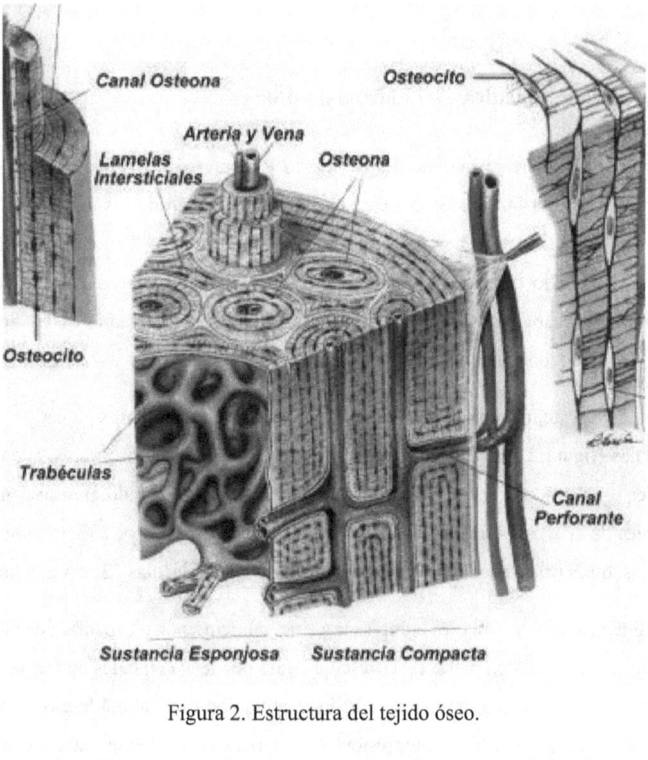

Figura 2. Estructura del tejido óseo.

(http://www.anatomiahumana.ucv.cl/morfo1/osteomorfo.html)

Hoy en día, las enfermedades relacionadas con el sistema músculo-esquelético representan la causa más común de incapacidad física. Los problemas relacionados con la edad como afecciones crónicas articulares, problemas de espalda, fracturas relacionadas con la osteoporosis o también lesiones por accidentes de tráfico o enfermedades genéticas, plantean la necesidad de desarrollar diferentes sistemas para la regeneración y reparación de defectos óseos. Dentro de este contexto, la medicina regenerativa juega un papel fundamental en el desarrollo de nuevos biomateriales en la elaboración de implantes para la regeneración de tejidos.

Los biomateriales pueden definirse como "aquellos materiales ideados para interaccionar con los sistemas biológicos con el fin de evaluar, tratar, aumentar o sustituir cualquier tejido, órgano o función del cuerpo" según la Second Consensus Conference on definitions in Biomaterials, Chester, U.K, 1992.

Estos biomateriales, diseñados para ser biocompatibles y promover la integración celular, buscan emular las propiedades mecánicas y bioquímicas del tejido óseo natural. Entre los materiales más investigados se encuentran los compuestos basados en fosfatos de calcio, como el hidroxiapatito, que no solo imitan la composición mineral del hueso, sino que también favorecen la adhesión celular y la formación de nueva matriz ósea. Además, se están desarrollando estrategias avanzadas que combinan estos materiales con factores de crecimiento, células madre mesenquimales y tecnologías de impresión 3D, con el objetivo de crear implantes personalizados que optimicen la regeneración del tejido dañado y reduzcan el riesgo de rechazo o complicaciones postquirúrgicas.

Entre los materiales más importantes utilizados como implantes para la regeneración ósea se encuentran algunos metales y aleaciones, cerámicas, vidrios biológicos, polímeros naturales y sintéticos, cuyas aplicaciones se resumen en la tabla 1.

Tabla 1. Materiales empleados como implantes y sus aplicaciones

Materiales	**Aplicaciones**
Polímeros	Liberación de fármacos, ingeniería de tejidos
Metales	Placas de osteosíntesis, clavos y tornillos, implantes dentales
Cerámicas y vidrios biológicos	Relleno de cavidades y defectos óseos, prótesis de cadera

Existen cuatro puntos clave en la selección adecuada de materiales para implantes (http://www.doitpoms.ac.uk/tlplib/bones/bone-replacement.php) que se detallan a continuación:

1. Las condiciones biológicas

El implante debe soportar durante un largo periodo de tiempo, años:

Una temperatura constante de 37ºC, la temperatura corporal promedio, sin sufrir deformaciones, degradación, ni pérdida de sus propiedades físicas o químicas.

Alta humedad, ya que, en el cuerpo, los implantes están expuestos a fluidos corporales, como sangre y linfa, lo que significa que deben ser resistentes a la corrosión y al desgaste en un entorno húmedo y salino durante largos períodos (años o incluso décadas).

2. Respuesta biológica

Los materiales de implante deben ser diseñados para reducir al mínimo las reacciones del organismo asociadas con la introducción de un material extraño en el cuerpo. El sistema inmunológico normalmente atacará cualquier material originado fuera del cuerpo, provocando una inflamación. Los niveles elevados de metales en el torrente sanguíneo pueden dar lugar a diversos problemas, incluyendo la citotoxicidad (efecto tóxico celular, causado por el aumento de los niveles de iones metálicos en el torrente sanguíneo) y la carcinogénesis (la formación de células cancerígenas). Por tanto, es crucial elegir materiales que tengan un impacto negativo mínimo en el cuerpo.

3. Propiedades de los materiales

Los materiales utilizados deben poseer propiedades adecuadas para permitir el reemplazo del tejido natural y realizar las mismas funciones.

Por ejemplo, un requisito vital para los implantes del hueso femoral es una resistencia mecánica importante y un módulo de Young (módulo de elasticidad longitudinal) elevado para soportar las cargas que se le apliquen.

4. Precio

El coste es un factor importante que contribuye a la selección de materiales. A menudo, los fabricantes deben lograr un equilibrio adecuado entre el rendimiento de un material y su precio.

El uso generalizado de los implantes comenzó con los de tipo metálico a principios del siglo XX, presentando buena tolerancia en uno de cada tres pacientes. Las aleaciones metálicas más empleadas en la fabricación de implantes como sustitutos de hueso son de Ti-Co-Ni y de Fe-Cr, que son biocompatibles, entendiéndose por material biocompatible aquel capaz de permanecer en el organismo sin alterar ninguna de sus funciones, pero menos adecuados para sustituir un tejido orgánico. Por ello, se han desarrollado cerámicas sintéticas biocompatibles que presentan menos problemas de aceptación por el organismo que los metales y que aceleran la regeneración ósea (Hernández y cols., 1999).

Las cerámicas basadas en fosfatos de calcio son particularmente interesantes en el campo de los sustitutos óseos por su excelente comportamiento histológico, especialmente las sales de calcio tipo hidroxiapatito. Al ser el mayor componente inorgánico del hueso, el hidroxiapatito se considera el material más atractivo para implante óseo debido a su similitud, tanto en composición como en características biológicas, con el hueso natural. Por ello, el hidroxiapatito sintético presenta menos problemas de aceptación por el organismo que los metales ya que, una vez implantado, es utilizado por el mismo para la síntesis de hidroxiapatito natural. La diferencia principal entre el hidroxiapatito sintético y el presente en el hueso es la ausencia de impurezas en la estructura del hidroxiapatito sintético. Actualmente el hidroxiapatito se utiliza para preservación del reborde alveolar, fracturas mandibulares, reconstrucción de huesos faciales, prótesis ortopédicas, cuando se ha extraído un tumor óseo o existe una fractura en un hueso el defecto se rellena con hidroxiapatito, o bien para recubrir prótesis metálicas, artrodesis (fijación de una articulación por medio de cirugía), implantes dentales, en Otorrinolaringología para construir prótesis de oído medio, etc. (Trager y cols., 1991).

Entre las propiedades que hacen del hidroxiapatito un buen biomaterial se encuentran su bioactividad, biocompatibilidad, osteoconductividad y unión directa al hueso (De Groot, 1980) (Jarcho, 1981) (Damien y Parsons, 1990):

Es una cerámica bioactiva, entendiendo como material bioactivo aquel que puede inducir una actividad biológica especifica. Las moléculas bioactivas son necesarias en los procesos regenerativos naturales, y en los artificiales en mayor medida, así se asegura una correcta interacción entre las células del tejido y el implante.

Es un material biocompatible, ya que el hidroxiapatito sintético presenta características muy similares a las del hueso, permitiendo la migración celular, vascularización y difusión de nutrientes, además, se reabsorben más o menos lentamente dependiendo del tipo y de la porosidad del material.

La capacidad osteoconductora del hidroxiapatito se debe a que el material puede proporcionar un entramado que facilite la penetración del nuevo hueso en el implante, actuando como un andamio y dirigiendo el crecimiento de capilares, tejido perivascular y células desde el hueso y tejidos blandos circundantes hacia el interior del injerto. Un material osteoconductor puede llegar a ser osteointegrado si se formase una buena adhesión celular y la diferenciación de las células osteoprogenitoras entre el implante y el hueso vivo a partir del propio crecimiento óseo.

Una forma de favorecer la osteoconducción y osteointegración es el uso de implantes de hidroxiapatito sintético poroso (conocidos en inglés como scaffolds, andamios o soportes), que se relacionan con el hueso circundante de una manera estrecha y estable tanto química como físicamente, permitiendo así que los procesos de reparación se desarrollen como si se tratara de dos tejidos óseos, ya que la mineralización de superficies cerámicas de fosfato de calcio con cavidades, comienza preferentemente dentro éstas y no en las superficies planas. Esto permitiría, en principio, el crecimiento celular de los osteocitos, la vascularización del material implantado y la difusión de nutrientes, mejorando la fijación e integración al cuerpo humano y ayudando a prevenir el aflojamiento y el movimiento del implante (Saiz y cols., 2007) (Bianchi y cols., 2014).

Idealmente, para ser utilizado como soporte en ingeniería tisular, un material poroso debe presentar una estructura tridimensional de macroporos interconectados (Wei y Ma, 2006), similar a la presentada por el hueso trabecular (poroso). Cuanto mayor sea la porosidad e interconectividad, más se facilitará la proliferación y migración celular, así como el transporte de nutrientes. Se estima que el tamaño del poro para aplicaciones en hueso debe estar entre 100 y 500 μm. Además de determinar la porosidad, los métodos de fabricación de estos soportes deben ser capaces de controlar la forma externa del implante, adecuándola al sitio donde será colocado (Velasco y Garzón, 2009).

Las técnicas más comúnmente usadas para obtener biomateriales sintéticos porosos son el espumado con gas, la separación de fases, la liofilización y la replicación. Este último método consiste en el recubrimiento de una espuma polimérica de la porosidad adecuada con una suspensión cerámica y su posterior calcinación con el fin de eliminar el esqueleto orgánico y sinterizar la estructura cerámica, obteniendo una réplica de la espuma original. La replicación permite obtener estructuras reticuladas macroporososas con distribución uniforme de poros (Swain y cols, 2011).

Al ser un material cerámico, el hidroxiapatito tiene el inconveniente de su alta rigidez y fragilidad. Su resistencia mecánica depende del tamaño del grano, su distribución, su porosidad y otros defectos microestructurales (Rice, 1996) (Shi et cols., 2001).

Para emplearse como sustituto óseo el hidroxiapatito sintético debe acercarse a la resistencia mecánica del tejido óseo, ya que el sistema esquelético soporta cargas de diferentes tipos debido a las diversas actividades de un individuo, tanto compresivas, como de tracción o de cizalladura (Cowin, 1991).

En el caso de la resistencia mecánica del hueso, ésta depende de la dirección en la cual se aplica la carga. Se considera como un material ortotrópico, puesto que la resistencia mecánica depende también de si el hueso es cargado a flexión, compresión o tracción. Por ello, no es posible especificar la resistencia o las propiedades elásticas del hueso con un único valor. Por último, destacar que las propiedades mecánicas del hueso cortical (compacto) presentan un ensayo a tracción y a compresión en la dirección transversal y longitudinal, así como la resistencia a la cizalladura, que se puede detallar en la Tabla 2. (Cowin, 1991) (Cowin y cols., 1987).

Tabla 2. Propiedades mecánicas del hueso cortical

Propiedades mecánicas del hueso cortical	Longitudinal	Transversal
Resistencia a tracción (MPa)	78.8-151	51-56
Resistencia a compresión (MPa)	131-224	106-133
Módulo de Young (GPa)	17-20	6-13
Resistencia a cizalladura (MPa)	53.1-70	
Módulo de cizalladura (GPa)	3.3	

Los valores mostrados en la tabla son sólo indicativos del orden de magnitud de cada propiedad, dependiendo de las condiciones de ensayo y la dirección del espacio. Además de la anisotropía del hueso ya mencionada, el hueso presenta un comportamiento viscoelástico y sus propiedades mecánicas son sensibles tanto a la velocidad de deformación como al tiempo de aplicación de la carga.

Las propiedades del hueso trabecular (poroso) no han sido tan estudiadas como las del hueso cortical. Las propiedades de este tipo de hueso dependen altamente de la densidad del mismo. Aunque el rango de variación es muy amplio, se pueden encontrar valores relativos, como por ejemplo entre los 50 y 100 MPa para el módulo de Young y entre 5 y 10 MPa para la resistencia a la compresión.

En general el hidroxiapatito sintético al ser un material más puro que su análogo biológico, presenta el inconveniente de ser más frágil, y su uso se restringe, en principio, a aplicaciones donde no se requieran esfuerzos mecánicos, principalmente como recubrimiento de sustratos metálicos, para acelerar e incrementar la fijación de las prótesis al hueso.

Además de los usos mencionados anteriormente, el hidroxiapatito presenta otras aplicaciones en el campo de la medicina, como por ejemplo, su empleo como portador, y es que gracias a su biocompatibilidad, facilidad de manejo y de adsorción, los fosfatos de calcio de tamaño nanométrico, se han aplicado como portadores no virales para la administración de fármacos y la terapia génica. Después de cargar con los genes o medicamentos, le dan un entorno de protección que evita la degradación, mientras que proporciona una vía adecuada para facilitar la penetración en la membrana celular y la liberación controlada de los mismos (Bertran y cols., 2014) (Zhu y cols., 2004). El hidroxiapatito posee una buena tasa de penetración en las membranas celulares, y su eficiencia de transporte puede ser 25 veces mayor que la de las partículas de tamaño micrométrico, además, debido a la gran superficie que posee, puede contener cantidades de carga más grandes de medicamento que las partículas más gruesas. Dado que la carga de las partículas influye en su capacidad para atravesar la membrana celular, las partículas de tamaño manométrico cargadas positivamente pasarán mejor la membrana celular.

1.3 Métodos de síntesis del hidroxiapatito

La aplicación del hidroxiapatito sintético viene determinada por su composición y propiedades mecánicas, que a su vez dependen del tamaño de grano y porosidad. Todas estas propiedades físico-químicas se pueden controlar por el método de síntesis. En comparación con el hidroxiapatito sintético, los apatitos biológicos (huesos, esmalte dental, dentina) presentan un rango amplio de composiciones, son claramente no-estequiométricos, deficientes en Ca^{2+} con CO_3^{2-} incluido en la estructura. También son compuestos poco cristalinos con muchos defectos estructurales, tamaño de partículas menor de 50 nm y alta superficie específica (Vallet-Regi, 2001). El uso de este tipo de materiales como implante implica una preparación cuidadosa de las cerámicas basadas en hidroxiapatito de modo que sean lo más similares posible a los apatitos biológicos. De este modo, los hidroxiapatitos sintéticos deben presentar un pequeño tamaño de partícula, y es deseable que sean deficientes en calcio y presente de carbonatos.

El método de síntesis empleado es importante porque no sólo la composición química del hidroxiapatito, sino también la morfología, además, el tamaño de los cristales va a tener influencia en la toxicidad para las células, la osteointegración, la reabsorción y las propiedades mecánicas.

También es deseable que el método empleado en la obtención del hidroxiapatito para ser utilizado como sustituto óseo, permita obtener un producto de alta pureza, con alto rendimiento, rapidez y bajo costo. El hidroxiapatito puede ser obtenido a partir de esqueletos de animales o bien de manera sintética por medio de diferentes rutas de síntesis química, a partir de diversas fuentes de calcio y fósforo y empleando varios métodos, viéndose las características del producto obtenido altamente influenciadas por los distintos métodos de síntesis (Sequeda y cols., 2012). De este modo, se han propuesto varias metodologías diferentes para preparar estructuras nanocristalinas de hidroxiapatito: precipitación química húmeda (Kivrak y Tas, 1998), síntesis sol-gel (Layrolle y cols., 1998), co-precipitación (Dagmara y cols., 2013), síntesis hidrotermal (Sivakumar y cols., 1996), síntesis mecanoquímica (Yeong y Wang, 2001), síntesis en estado sólido (Ramachandra y cols., 1997), microemulsión (Lim y Wang 1997), precipitación con agitación mecánica y precipitación con agitación ultrasónica (Martínez-Valencia y Esperanza-Ponce, 2008), calcinación de huesos (Yoshida, 1998.) o a partir del coral mediante un proceso de cambio hidrotermal (Holmes, 1979).

2. Objetivos

Teniendo en cuenta lo anteriormente expuesto, resulta de gran interés abordar tanto la mejora de las propiedades mecánicas de los apatitos, como la ampliación de su campo de aplicación en el ámbito biomédico, especialmente como sustitutos óseos directos en forma de *scaffolds* porosos. Los *scaffolds,* al imitar la estructura del hueso natural, no solo ofrecen soporte mecánico, sino que también pueden facilitar la regeneración ósea al actuar como matrices tridimensionales para el crecimiento celular. Sin embargo, para garantizar su eficacia y versatilidad, es fundamental optimizar sus características estructurales, morfológicas y mecánicas. En este contexto, se plantean como objetivos principales de este trabajo los siguientes:

2.1 **Síntesis de hidroxiapatito** mediante diferentes métodos de preparación, evaluando y comparando los productos obtenidos en términos de fases cristalinas presentes, morfología y tamaño de las partículas, así como las propiedades mecánicas del material sinterizado, con el fin de identificar las condiciones más adecuadas para cada aplicación.

2.2 **Desarrollar hidroxiapatitos porosos (scaffolds)** que cumplan con las especificaciones necesarias para aplicaciones como implantes óseos, enfocándose en la relación entre la porosidad, la resistencia mecánica y la capacidad de integración biológica.

3 Metodología

3.1 Síntesis de apatitos por diferentes métodos

De entre las diversas síntesis descritas en la literatura, se ha seleccionado el método hidrotermal y la precipitación química, con el fin de comparar el producto obtenido en cada uno de ellos en cuanto a composición química, fases cristalinas presentes, morfología y tamaño de partículas y propiedades mecánicas del producto sinterizado.

El método hidrotermal permite sintetizar nanopartículas de hidroxiapatito bien cristalizadas, siendo la forma, el tamaño y el área de superficie específica de las nanopartículas de apatito muy sensibles a la temperatura de reacción (Wang y cols., 2007). Esta síntesis presenta la desventaja del empleo de reactores hidrotermales, que la encarece y limita la cantidad de hidroxiapatito que puede sintetizarse. Con este método, además, se ha evaluado el efecto del citrato de sodio, un modificador orgánico, sobre el crecimiento de los cristales de hidroxiapatito. Éste compuesto puede controlar el crecimiento de los cristales de hidroxiapatito determinando su tamaño (Wang y cols., 2007).

La precipitación química en medio acuoso presenta ventajas por su coste, rendimiento y simplicidad, factores importantes para su posterior uso práctico. En este tipo de síntesis la influencia de variables como el pH, la temperatura y orden de mezcla de los reactivos o el tiempo de envejecimiento son factores fundamentales que deben ser controlados. Así, por ejemplo, el pH durante la reacción debe mantenerse por encima de 10, ya que valores inferiores promueven la formación de otros fosfatos de calcio.

3.1.1 Síntesis hidrotermal.

Reactivos empleados: $Ca(NO_3)_2.4H_2O$ (Merck), H_3PO_4 al 85% Panreac, $C_6H_5Na_3O_7.2H_2O$ (Panreac Química S.A), NH_4OH al 30% Panreac.

La preparación del hidroxiapatito se realizó a partir de una disolución de nitrato de calcio 1 $mol.L^{-1}$ como fuente de calcio, una disolución 0.6 $mol.L^{-1}$ de ácido fosfórico como fuente de fosfato y amoniaco para ajustar el pH. Una vez preparadas las disoluciones, se toman 50 mL de la disolución de ácido fosfórico y 50 mL de la disolución de nitrato de calcio y se mezclan en un matraz Erlenmeyer, en agitación constante en un baño a 40ºC. Se mide el pH y se añade amoniaco hasta alcanzar un valor de pH de 10. Se deja la suspensión en agitación a 40ºC durante 8 horas. La suspensión se introduce en autoclaves con funda de teflón de una capacidad de 125 cm^3 (figura 3) donde, en estático, se mantiene a una temperatura de 100ºC durante otras 8 horas. A continuación, se filtra y se lava con agua destilada hasta conseguir un pH próximo a 7. El sólido obtenido se seca durante 24 horas a 100ºC en estufa y se pulveriza con un mortero de ágata para conseguir obtener un tamaño de partícula homogéneo. Finalmente, se calcina en el horno a 1000ºC durante una hora con una rampa de 10ºC/min.

Se llevó a cabo otra síntesis similar, a la que se añadió un 5% de citrato de sodio, $C_6H_5Na_3O_7.2H_2O$, con respecto a la cantidad total de hidroxiapatito resultante, 0.25 gramos de citrato para 5 g de hidroxiapatito, con el fin de determinar cómo la adición de citrato afecta al crecimiento de los cristales de apatito.

Figura 3. Autoclaves empleados en la síntesis hidrotermal de hidroxiapatito

3.1.2 Síntesis por precipitación por vía húmeda

Reactivos empleados: $Ca(NO_3)_2.4H_2O$ (Merck), H_3PO_4 (85% Panreac), NH_4OH al 30%Panreac.

La preparación del hidroxiapatito se realizó a partir de 350 mL de una disolución de nitrato de calcio 0.29 $mol.L^{-1}$ como fuente de calcio, 250 mL de una disolución 0.24 $mol.L^{-1}$ de ácido fosfórico como fuente de fosfato y amoniaco para aumentar el pH de ambas disoluciones, por separado, hasta un valor de 10. Una vez preparadas ambas disoluciones, se añade la disolución de nitrato de calcio sobre la de ácido fosfórico gota a gota y en constante agitación y se deja 3 horas en agitación a temperatura ambiente. Pasado este tiempo, se detiene la agitación y se deja precipitar durante una semana. La suspensión resultante se filtra y se lava con agua destilada hasta obtener un pH cercano a 7. El sólido obtenido se seca en estufa a 100ºC durante 24 horas, se pulveriza con un mortero de ágata hasta obtener un tamaño de partícula homogéneo y se calcina en el horno a 1000ºC durante una hora con una rampa de ascenso de $10ºC.min^{-1}$.

3.2 Preparación de probetas para la determinación de las propiedades mecánicas del hidroxiapatito.

Una vez obtenidas las distintas muestras de hidroxiapatito calcinadas a 1000ºC, se prepararon una serie de probetas con las que se evaluaron las propiedades mecánicas de cada uno de los hidroxiapatitos sintetizados.

Las probetas se obtuvieron mediante el prensado uniaxial de 1.2 gramos de hidroxiapatito calcinado a 1000ºC, empleando una matriz de 13 mm y aplicando 3 toneladas de presión durante 5 minutos. Estas probetas fueron sometidas a un tratamiento térmico de sinterización a 1100ºC durante una hora, con una velocidad de calentamiento de $10ºC.min^{-1}$.

La tabla 3 recoge la nomenclatura empleada para cada una de las muestras preparadas.

Tabla 3. Nomenclatura de las muestras obtenidas

Síntesis	Muestras secas a 100ºC	Muestras calcinadas a 1000ºC	Muestras sintetizadas a 1100ºC
Hidrotermal	HAp HT 100ºC	HAp HT 1000ºC	HAp HT 1100ºC
Hidrotermal con citrato sódico	HAp HT + C 100ºC	HAp HT + C 1000ºC	HAp + C 1100ºC
Precipitación en medio acuoso	HAp PP 100ºC	HAp PP 1000ºC	HAp PP 1100ºc

3.3 Preparación de espumas.

Para la fabricación de las espumas cerámicas de hidroxiapatito se han empleado dos métodos distintos. En el primero de ellos se utiliza como plantilla una espuma de poliuretano (PU) reticulada, suministradas por Crest Foam Industries, con una porosidad de 20 poros por pulgada y una densidad de 0.024 $g.cm^{-3}$.

El soporte orgánico de poliuretano se recubre con una suspensión de hidroxiapatito sintetizado por el método hidrotermal sin citrato, que contiene además cantidades adecuadas de alcohol polivinílico (PVA), que actúa como ligante, y calgón (polifosfato sódico) que actúa como dispersante. La composición dicha suspensión en porcentaje en peso se presenta en la tabla 4.

Tabla 4. Composición de la suspensión de hidroxiapatito (% en peso)

H_2O	HAP	PVA	Calgón
47,8%	47,8%	2.4%	2%

La pieza de PU es recubierta por inmersión en la suspensión de hidroxiapatito y el exceso de suspensión es retirado mediante soplado con aire comprimido. La pieza recubierta se deja secar a temperatura ambiente durante una hora y después a 100 °C en estufa durante otra hora. Finalmente, se lleva a cabo un tratamiento térmico en horno. La subida desde temperatura ambiente hasta 400ºC se realiza lentamente (1ºC.min^{-1}) y se mantiene durante una hora esa temperatura para quemar la espuma de PU. La elección de la temperatura de combustión del PU se hizo considerando el análisis termogravimétrico realizado, que es mostrado en el apartado *Resultados y discusión*. Después se eleva la temperatura hasta 1200ºC a una velocidad de 4ºC.min^{-1} y se mantiene esa temperatura durante 5 horas. El tratamiento a alta temperatura permite la sinterización del material y, consecuentemente, su consolidación. La espuma cerámica obtenida es una réplica de la espuma polimérica empleada como plantilla.

En el segundo método empleado para la preparación de materiales porosos, la suspensión descrita arriba se mezcla con esferas de poliestireno, que actúan como agente porógeno. El conjunto es compactado en un crisol cerámico, secándose a 100ºC en estufa antes de llevar a cabo un tratamiento térmico para, al igual que en el método anterior, quemar en una primera etapa a 400ºC el material polimérico, de manera que los huecos dejados por las esferas dotan a la estructura la porosidad buscada, y finalmente consolidar la espuma cerámica a alta temperatura (1200ºC).

3.4 Técnicas experimentales de caracterización

A continuación, se describen las técnicas empleadas en la caracterización de los materiales sintetizados.

3.4.1 Fisisorción de N2.

Mediante esta técnica pueden establecerse las propiedades texturales de un sólido a partir de los parámetros conocidos como superficie específica, que corresponde a la superficie total accesible del material; forma de poro, volumen de poro, diámetro promedio de poro y, por último, la distribución de tamaño de poro. De todas estas posibles propiedades se utilizó la superficie específica ($m^2.g^{-1}$).

Las propiedades texturales fueron obtenidas a partir de las isotermas de adsorción-desorción de N_2 a 77K en un equipo Tristar II de Micromeritics. Para la obtención de la superficie específica se aplicó el método BET en las isotermas de adsorción. Las muestras fueron previamente desgasificadas durante 12h a 350ºC en vacío mediante un sistema desgasificador de muestras VacPrep 061, también de Micromeritics.

3.4.2 Difracción de Rayos X.

La difracción de rayos X es una técnica que proporciona información cualitativa y cuantitativa acerca de las fases cristalinas presentes en la muestra, puesto que todos los sólidos cristalinos poseen su difractograma característico.

Cuando un haz de radiación electromagnética, monocromática y de longitud de onda del orden de la distancia interplanar (rayos X) incide sobre una muestra cristalina, se produce un fenómeno conocido como difracción. Las ondas dispersadas por el cristal que interfieren de forma constructiva, dan lugar a la aparición de máximos de intensidad según ciertas direcciones que vienen determinados por la ecuación de Bragg (Ecuación 1):

$$n\lambda = 2d_{hkl} sen\theta$$

Ecuación 1

Donde n es el orden de difracción, λ es la longitud de onda de la radiación incidente, d_{hkl} es la distancia interplanar de la familia de planos (hkl) y θ es el ángulo de difracción.

El análisis de las muestras por difracción de rayos X se realizó empleando un difractómetro X'Pert Pro PANalytical (figura 4). Las medidas se llevaron a cabo con radiación CuK_{α}(λ=1.5404 Å; 45KV y 40mA), con un monocromador de haz difractado de grafito y un detector de rayos X de estado sólido X'Celerator, con apertura de 2.18°. Se trabajó, para los difractogramas generales, en modo de barrido continuo, desde 5° a 80° 2θ, empleando un paso de 0.05° y un tiempo por paso de 80 s.

Para cada patrón de difracción, la determinación estructural se realizó por comparación con la base de datos PDF2 ICDD2002 (*PowderDiffraction File 2, International Center of Diffraction Data, 2002*).

Figura 4. Difractómetro *X`Pert Pro PANanalitical.*

3.4.3 Microscopía Electrónica de Barrido (SEM).

La microscopía electrónica de barrido se utiliza para determinar la morfología de la superficie del material.

A diferencia de un microscopio óptico, los microscopios electrónicos emplean como fuente de iluminación un haz de electrones de longitud de onda muy corta que interactúa con la muestra. Particularmente en los dispositivos empleados en microscopía de barrido, proporcionan información superficial, debido a que provoca la generación de electrones secundarios provenientes de la muestra, que son los que registra el equipo para obtener la morfología.

Adicionalmente, este tipo de microscopios permite realizar análisis de espectroscopía de dispersión de energía de rayos X (EDX), el cual ofrece información de la composición química de la muestra a partir de la radiación que emite ésta tras ser excitada con radiación electromagnética.

Las imágenes de SEM fueron obtenidas en un microscopio electrónico de barrido HITACHI S-4800 SEM-FEG (figura 5), provisto de detectores de electrones secundarios y retrodispersados. Las muestras fueron directamente soportadas en un portamuestras mediante cinta de carbono y metalizadas con oro a fin de garantizar su conductividad.

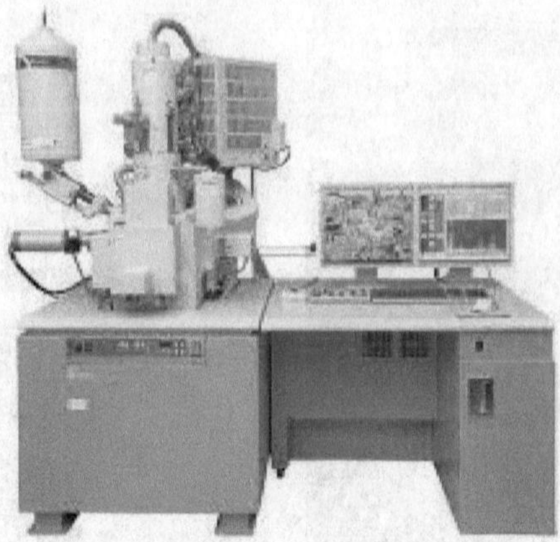

Figura 5. Microscopio electrónico de barrido (SEM).

3.4.4 Microscopía electrónico de transmisión (TEM)

El microscopio electrónico de transmisión (TEM) tiene un modo de operar similar al del microscopio óptico, ya que la manera de actuar un campo electromagnético sobre un haz de electrones es análoga a la acción de una lente de cristal sobre el haz de fotones. Es una técnica en la que se usa un haz de electrones que atraviesan una muestra extremadamente delgada interactuando con ella. La imagen se forma por la interacción de los electrones transmitidos a través de muestra, se magnifica y se focaliza en un dispositivo de imagen (pantalla, película fotográfica) (Atkins, 1994).

Para conseguir el flujo ininterrumpido de electrones, el TEM debe operar a bajas presiones, en el orden de 10^{-4} a 10^{-8} kPa, para reducir la frecuencia de las colisiones de los electrones con los átomos del aire.

En la figura 6 se presenta el microscopio y sus partes principales.

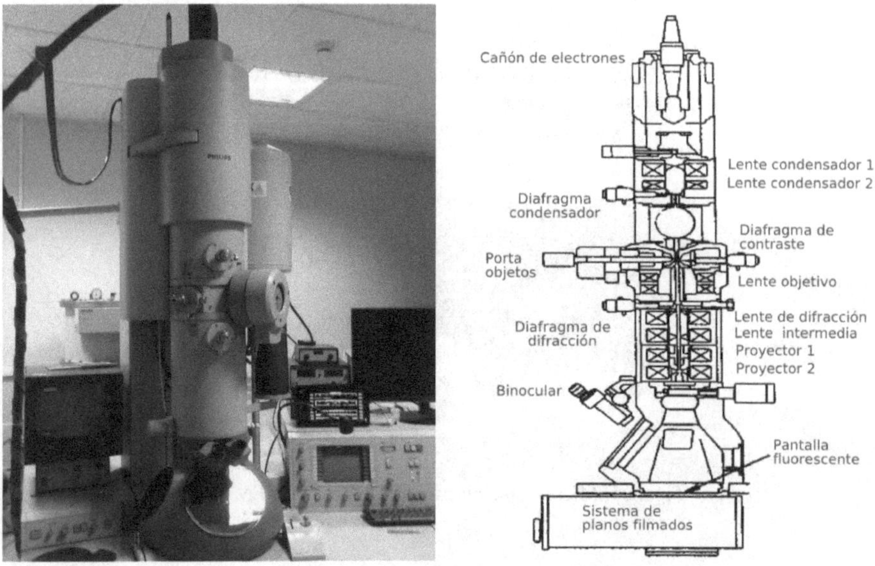

Figura 6. Microscopio electrónico de transmisión (TEM).

Las muestras fueron dispersadas en etanol absoluto mediante ultrasonido y depositadas en rejillas de Cu recubiertas de una fina capa de carbón amorfo.

3.4.5 Fluorescencia de rayos X

Técnica espectroscópica que permite el análisis de la composición química de los materiales, en la que se estudia la emisión secundaria o fluorescente de radiación X, generada al excitar un material con una fuente de rayos X. La relajación de los electrones produce una liberación de energía por parte de la muestra, que se manifiesta en forma de fotones, radiación X fluorescente o secundaria. Esta radiación secundaria es característica de cada elemento, al presentar una longitud de onda específica dependiendo de los orbitales atómicos implicados en la transición. Por otra parte, la fluorescencia de rayos X muestra una intensidad proporcional a la concentración en la muestra del elemento que la produce. Por lo tanto, se puede usar para el análisis de la composición química de los materiales sintetizados.

Las medidas se efectuaron en un espectrofotómetro de dispersión de longitud de onda AXIOS PW4400 fabricado por Panalytical, que emplea un ánodo de rodio como fuente de radiación. Las muestras fueron diluidas en cera en una proporción de 10% p/p y esta mezcla se depositó por prensado en una de las caras de una pastilla de ácido bórico.

3.4.6 Ensayo de compresión

Se emplearon ensayos de compresión para determinar la resistencia de material o su deformación ante un esfuerzo de compresión. Los ensayos de compresión se realizaron en un equipo Microstest EM1/FR (figura 7), donde la carga es aplicada mediante un sistema de husillo actuador. Las medidas fueron tomadas en piezas cilíndricas de tamaño aproximado de 13 mm de diámetro y 4 mm de altura.

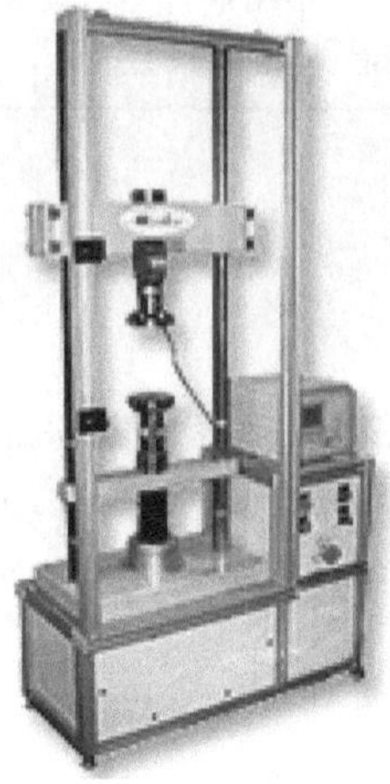

Figura 7. Equipo Microstest EM1/FR

4 Resultados y discusión

Caracterización de los hidroxiapatitos sintetizados

4.1 Composición química

El análisis químico obtenido por fluorescencia de rayos X de las muestras sintetizadas por ambos métodos y calcinadas a 1000ºC (tabla 5) permite determinar cómo, en estos dos casos, la relación molar Ca/P es inferior a la que se tendría en un hidroxiapatito estequiométrico (1.67), por lo que los sólidos sintetizados son deficientes en Ca, lo cual como se dijo en la introducción, es deseable, ya que los aproxima a la composición química de los hidroxiapatitos biológicos. En cambio, la muestra sintetizada por el método de precipitación por vía húmeda, resultó ser deficiente en fosfato, mostrando una relación molar Ca/P mayor (1,74).

Tabla 5. Composición química obtenida por FRX

MUESTRA	% en peso				moles		Relación Ca/P
	CaO	P_2O_5	Otros	P.C.	Ca	P	
HAp HT + C 1000ºC	52,07	43,49	4,44	2,88	0,93	0,61	1,52
HAp HT 1000ºC	52,02	44,53	3,45	2,06	0,93	0,63	1,48
HAp PP 1000ºC	56,68	40,47	2,85	--	0,99	0,57	1,74

4.2 Morfología

En las siguientes figuras se muestran micrografías TEM de los distintos materiales sintetizados. En el caso de las muestras obtenidas mediante tratamiento hidrotermal, los cristales presentan una morfología fibrosa, que indica su crecimiento según el eje c, la tendencia natural del hidroxiapatito (Sánchez Neira).

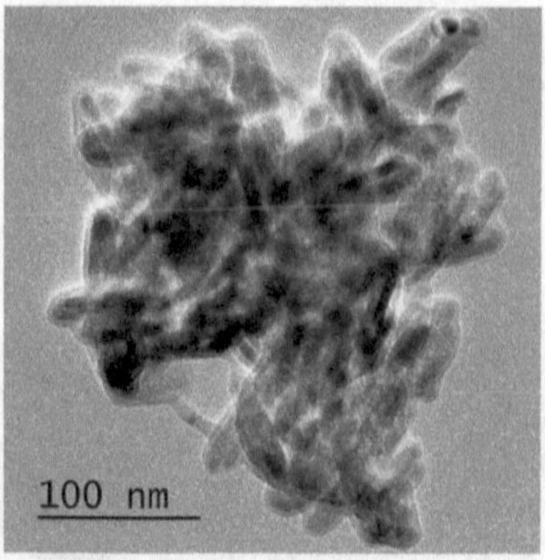

Figura 8. Micrografía SEM de la muestra HAp HT

Pueden describirse como cristales en forma de varillas, con una longitud media de 45 nm en el caso de la síntesis llevada a cabo sin modificador orgánico (figura 8) y de 25 nm para los cristales obtenidos empleando citrato sódico como modificador orgánico (figura 9). La relación de aspecto de los cristales de hidroxiapatito (ancho/largo) es mayor en la síntesis con citrato que sin citrato (0,5 frente a 0,3).

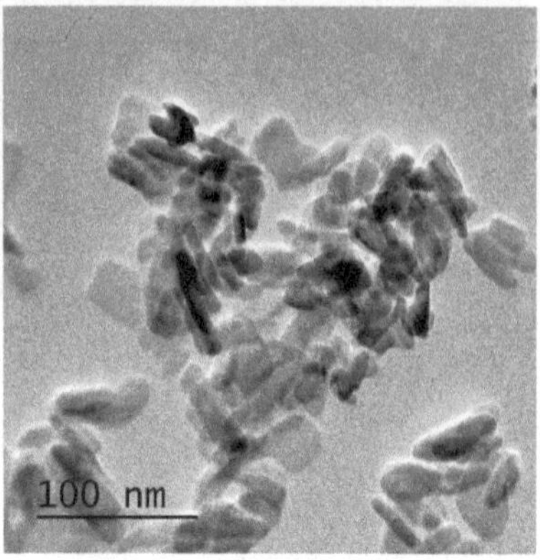

Figura 9. Micrografía SEM de la muestra HAp HT + C

El citrato sódico controla el tamaño de los cristales de hidroxiapatito, debido a la fuerte interacción de sus grupos carboxilatos terminales con los iones calcio del hidroxiapatito nanocristalino, quedando las moléculas de citrato paralelas a la superficie del apatito e impidiendo un mayor crecimiento de los cristales (Wang y cols., 2007.)

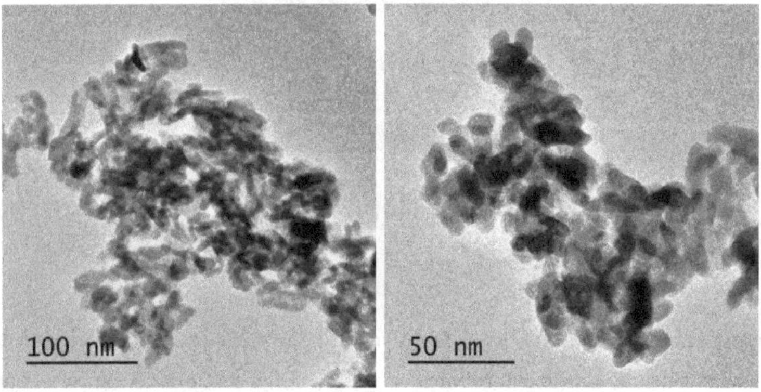

Figura 10. Micrografías SEM de la muestra HAp PP

Mediante la síntesis por precipitación se obtienen cristales de hidroxiapatito de menor tamaño medio (15 nm) y con una mayor relación de aspecto que en el caso de las síntesis hidrotermales (0,7), tal y como se muestra en la figura 10.

Tras los tratamientos de sinterización a alta temperatura se producen cambios en la morfología de los cristales de hidroxiapatito y la unión entre ellos. Como ejemplo, la figura 11 presenta una imagen TEM de la muestra HAp HT 1000ºC.

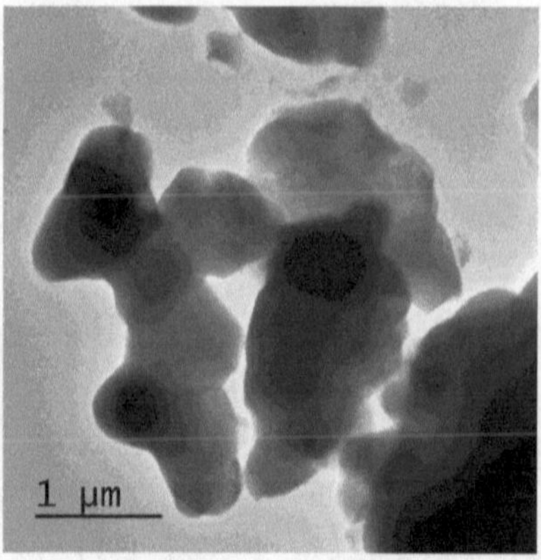

Figura 11. Micrografías SEM de la muestra HAp HT 1000ºC

4.3 Estructura cristalina

En la figura 12 se presentan los difractogramas de las muestras obtenidas mediante tratamiento hidrotermal, con y sin citrato sódico, secadas a 100 ºC (HAp HT 100ºC y HAp HT + C 100ºC). En ambos casos, las reflexiones se ajustan bien tanto a las correspondientes a un hidroxiapatito estequiométrico ($Ca_{10}(PO_4)_6(OH)_2$, (01-72-1243)), como a un hidroxiapatito deficiente en calcio ($Ca_9HPO_4(PO_4)_5OH$, (00-46-0905)), figura 13. Los resultados de fluorescencia de rayos X, no obstante, señalan a la formación de este segundo tipo de apatito. Por otra parte, no se observan picos asignables a impurezas, tales como hidróxido de calcio o fosfatos de calcio, indicando que el método de síntesis conduce a la formación de hidroxiapatito puro deficiente en calcio.

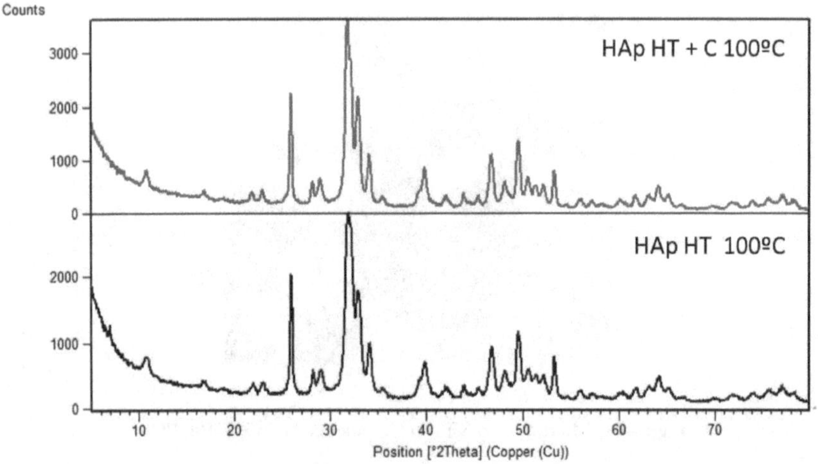

Figura 12. Comparación de los difractogramas correspondiente a las muestras HAp HT 100ºC y HAp HT + C 100ºC

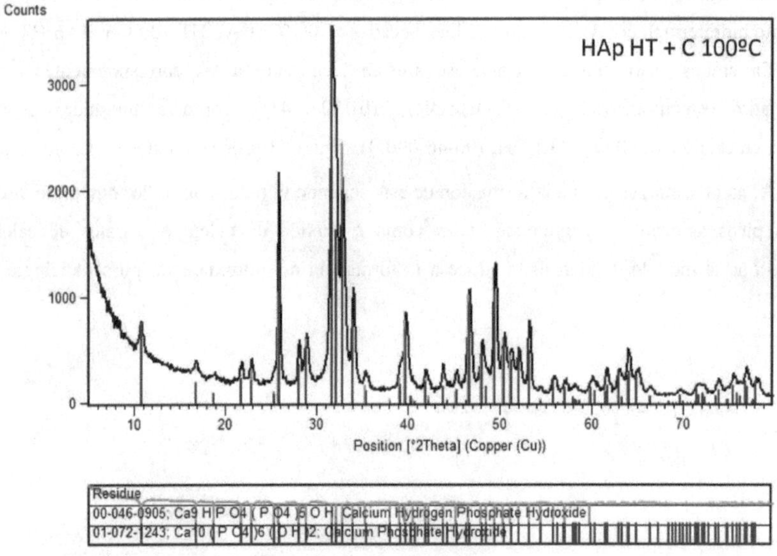

Figura 13. Difractograma correspondiente a la muestra HAp HT + C 100ºC

Como puede observarse en los difractogramas presentados en la figura 14, tras el tratamiento térmico a 1000ºC, los picos de difracción de estas muestras se hacen más estrechos e intensos, debido al aumento de la cristalinidad por efecto de la temperatura.

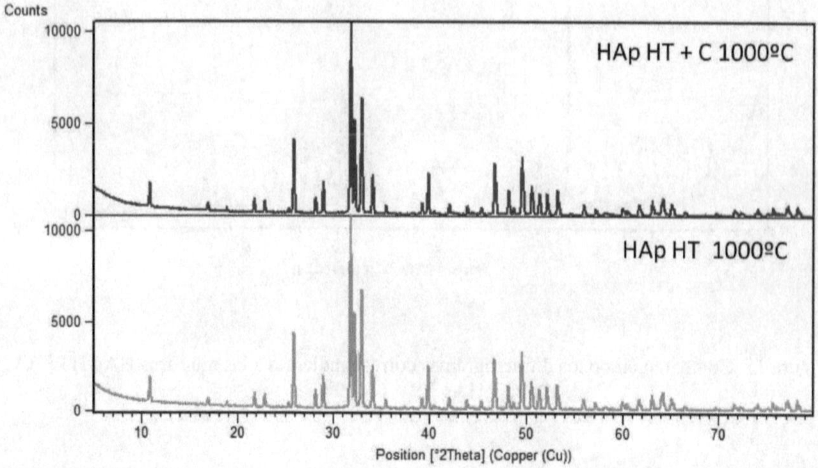

Figura 14. Difractogramas correspondiente a las muestras HAp HT 1000ºC y HAp HT + C 1000ºC

La difracción de rayos X del hidroxiapatito obtenido por precipitación y secado a 100ºC indica la menor cristalinidad de este material en comparación con la obtenida mediante el método hidrotermal, figura 15.

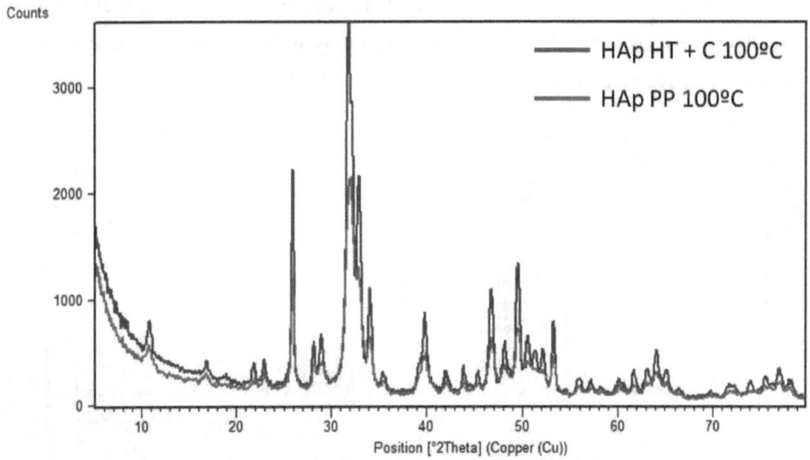

Figura 15. Comparación de los difractogramas correspondientes a las muestras HAp HT + C 100ºC y HAp PP + C 100ºC

4.4 Propiedades texturales

La superficie específica de las distintas muestras de hidroxiapatito secadas a 100ºC se recoge en la tabla 6. Se observa cómo, cuanto menor es el tamaño de partícula de sólido (de acuerdo a la estimación hecha a partir de los resultados de microscopía electrónica de transmisión), mayor es la superficie BET del material.

Tabla 6. Superficie BET de los hidroxiapatitos sintetizados

MUESTRA	Superficie BET ($m^2.g^{-1}$)	Longitud de las partículas (nm)
HAp HT 100ºC	66	45
HAp HT + C 100ºC	93	25
HAp PP 100ºC	104	15

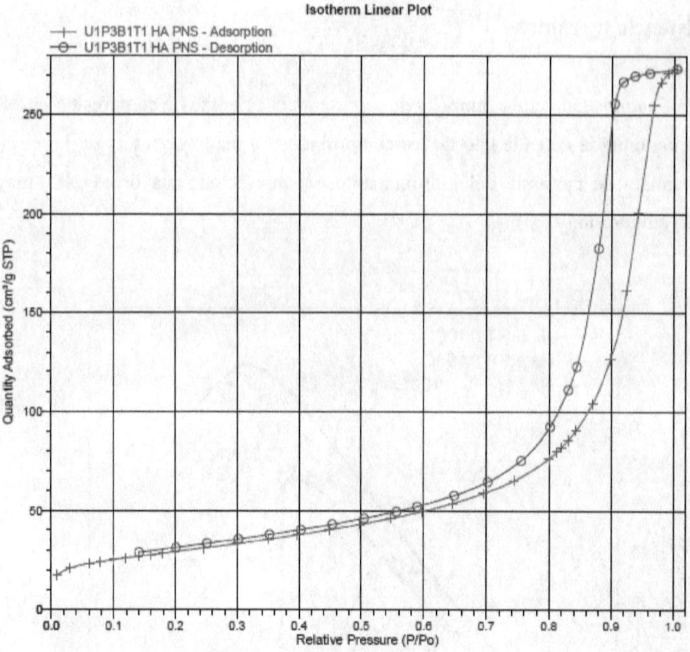

Figura 16. Isoterma de adsorción de nitrógeno de la muestra preparada por precipitación por vía húmeda

Todas las muestras presentan isotermas de adsorción de tipo IV, características de materiales mesoporosos con ciclos de histéresis de tipo H2, propios de materiales con poros tipo cuello de botella (Gregg y Sing, 1982). La figura 16 presenta como ejemplo la isoterma de adsorción de nitrógeno de la muestra preparada por precipitación por vía húmeda.

4.5 Resistencia mecánica

En la gráfica mostrada en la figura 17 se representa el esfuerzo de compresión en MPa frente a la deformación unitaria de cada uno de los comprimidos; el punto de rotura de la pieza varía en función del tamaño de partícula del hidroxiapatito, ya que cuanto mayor es éste, mayor es la resistencia a la compresión.

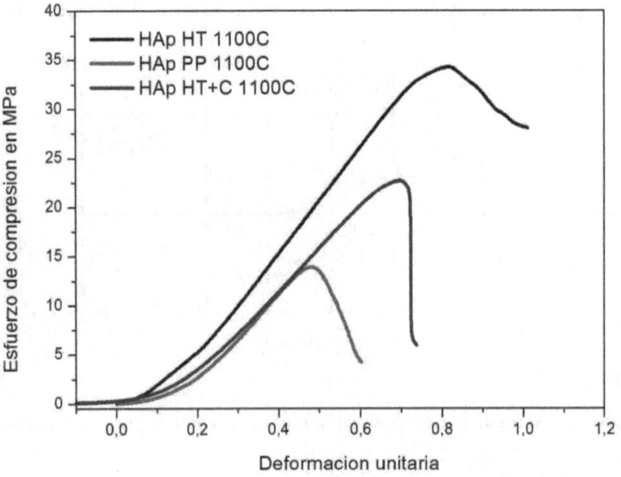

Figura 17. Resultados del ensayo de compresión para los hidroxiapatitos sinterizados a 1100ºC

La resistencia mecánica de estos materiales es inferior a la presentada por el hueso cortical (ver tabla 2), aunque presentan valores comparables e incluso superiores a los del hueso trabecular. En cualquier caso, algunos estudios publicados proponen el uso de aditivos para mejorar las propiedades mecánicas de los apatitos (Suchanek y cols., 1997).

4.6. Caracterización de las espumas cerámicas (*scaffolds*)

La figura 18 muestra imágenes obtenidas por microscopia de barrido de la espuma reticulada de poliuretano (PU) empleada como plantilla para la preparación de las espumas cerámicas. Puede apreciarse que las celdas que forman la espuma son poliedros formados solamente por las aristas, sin que haya membranas recubriendo las paredes. Esto permite obtener materiales más porosos.

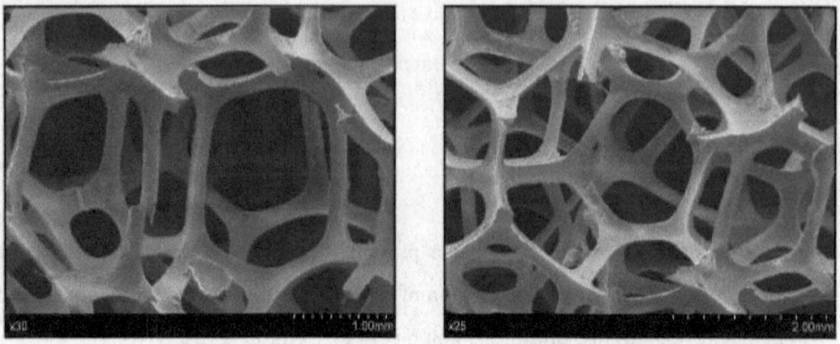

Figura 18. Imágenes SEM de la espuma de poliuretano empleada.

Con el fin de determinar la temperatura adecuada para realizar la combustión de la espuma de PU, se llevó a cabo su análisis termogravimétrico (figura 19). Se observan cuatro procesos que conllevan pérdida de peso a 300, 370, 400 y 515ºC respectivamente, siendo el más importante el que tiene lugar a 400ºC. Por ello, se toma esta temperatura como la adecuada para la combustión de la espuma polimérica y se tiene en cuenta al definir el tratamiento térmico a aplicar para la obtención de las espumas cerámicas, como ya se indicó en el apartado *Metodología.*

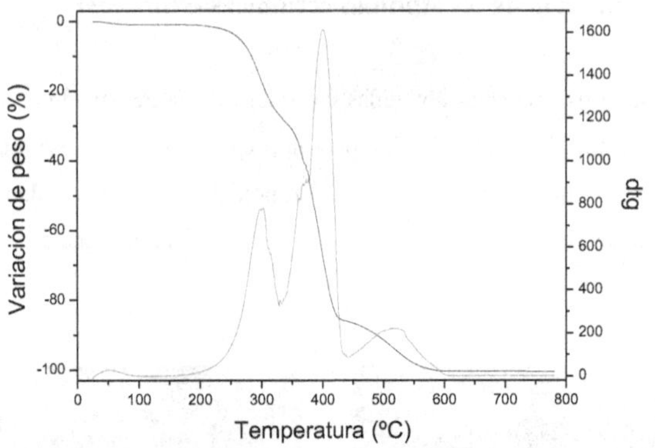

Figura 19. Curvas dtg y tg obtenidas para la espuma de poliuretano

La figura 20 muestra el aspecto final que presentan espumas cerámicas de hidroxiapatito preparadas tanto por el método de replicación, empleando la espuma de PU como plantilla (figura 20A), como empleando esferas de poliestireno como porógeno (figura 20B).

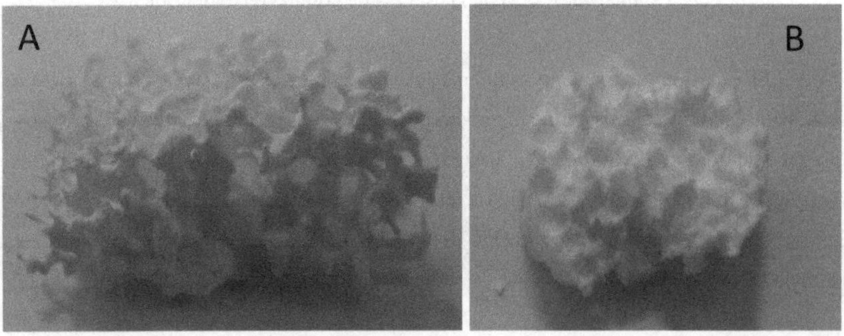

Figura 20. Espumas cerámicas de hidroxiapatito obtenidas por el método de replicación (A) y empleando poliestireno como porógeno.

Se ha estudiado la porosidad de las espumas de hidroxiapatito mediante microscopía tanto óptica como electrónica de barrido. Puede observarse como, empleando la espuma de poliuretano como plantilla se obtienen materiales con poros más homogéneos (figuras 21 y 22), en cuanto a tamaño, y más interconectados que al emplear las esferas de poliestireno (figuras 23 y 24).

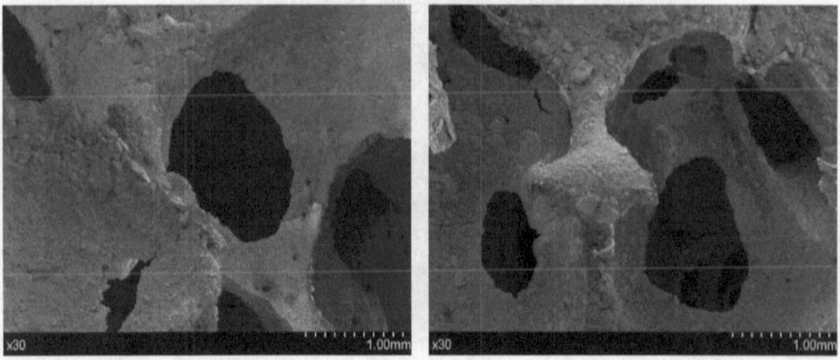

Figura 21. Imágenes SEM de la espuma de hidroxiapatito obtenida por replicación de la espuma de poliuretano

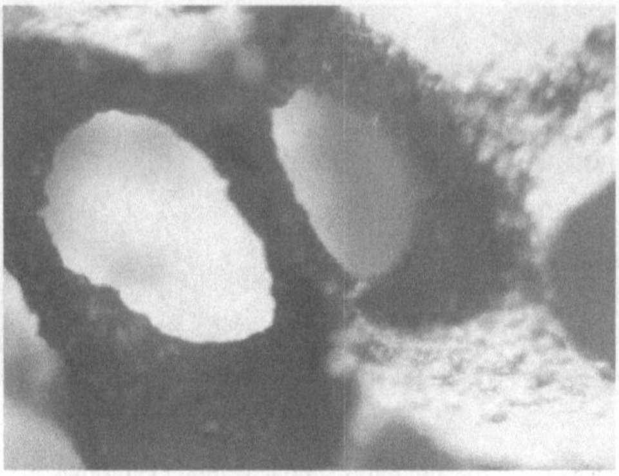

Figura 22. Imagen obtenida por microscopía óptica de la espuma de hidroxiapatito preparada por replicación de la espuma de poliuretano

Figura 23. Imagen SEM de la espuma cerámica de hidroxiapatito obtenida empleando las esferas de poliestireno

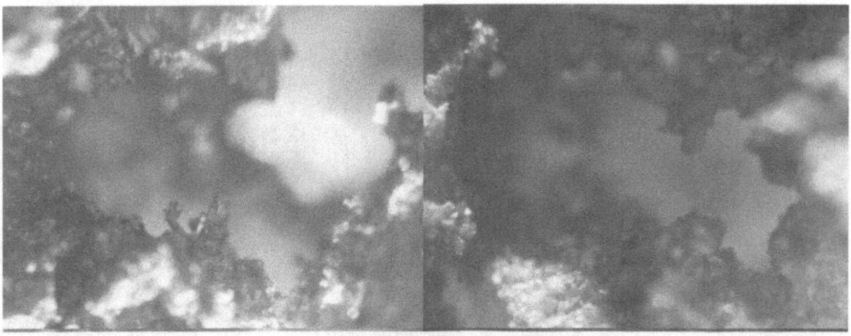

Figura 24. Imágenes de microscopía óptica de la espuma cerámica de hidroxiapatito obtenida empleando las esferas de poliestireno.

En ambos casos el tamaño medio de los poros es mayor al recomendado en la bibliografía para uso como implantes porosos (1000 μm frente a 500 μm,) (Velasco y Garzón, 2009). No obstante, empleando espumas de poliuretano de menor tamaño de poro o esferas de poliestireno de menor diámetro podrían obtenerse espumas con el tamaño de poro adecuado.

5. Conclusiones

Se ha demostrado la influencia del método de síntesis en las propiedades del hidroxiapatito obtenido. Así, el método hidrotermal conduce a sólidos con mayor tamaño de cristal que el método de precipitación por vía húmeda. Se ha comprobado también como la adición de modificadores orgánicos conduce a la reducción del tamaño cristalino.

Se ha estudiado igualmente la influencia del tamaño cristalino en las propiedades mecánicas de los apatitos, observándose como a mayor tamaño de partícula, mayor es la resistencia a la compresión de los materiales sinterizados. Los materiales preparados presentan menor resistencia a la compresión que el hueso cortical, pero similar a la del hueso trabecular, por lo que su uso se limitaría a la inducción de la regeneración ósea en zonas del organismo sometidas a un esfuerzo mecánico bajo. Para ello es conveniente el uso de implantes porosos (*scaffolds*), que en este trabajo han sido preparados usando dos métodos distintos, siendo el más adecuado el llevado a cabo por recubrimiento de una plantilla de poliuretano con una suspensión de hidroxiapatito y posterior tratamiento térmico para la combustión del poliuretano y la sinterización del apatito.

6. Bibliografía

(Admassu y Breese, 1999) Admassu W, Breese T. Feasibility of using natural fishbone apatite as a substitute of hydroxyapatite in remediating aqueous heavy metals. Journal of Hazardous Materials. 1999; 69 (2); 187-196.

(Atkins, 1994) Atkins, PW. *Physical Chemistry*. Oxford University Press. 1994.

(Bertran y cols., 2014) Bertran O, del Valle LJ, Revilla-López G. Mineralization of DNA into nanoparticles of hydroxyapatite. Dalton Trans. 2014; 43; 317–327.

(Bianchi y cols., 2014) Bianchi M, Joop E, Wolke GC. Substrate geometry directs the in vitro mineralization of calcium phosphate ceramics. Acta Biomaterialia. 2014; 10 (2); 661–669.

(Bostrom y cols., 2000) Bostrom M, Boskey A, Kaufman J, Einhorn TA. Form and Function of Bone. In: Buckwalter JA, Einhorn TA, Simon SR, editors. Orthopaedic Basic Science, Biology and Biomechanics of the Musculoskeletal System. American Academy of Orthopaedic Surgeons. 2000: 320-369.

(Carpena y cols., 2001) Carpena J, Donazzon B, Céraulo E, Prené S. Élaboration de ciments apatitiques composites pour la rétention du césium et de l'iode. C.R. Acad. Sci. Paris, Chimie / Chemistry. 2001; 4 (4); 301-308.

(Chamont y cols., 2002) Chaumont J, Soulet S, Krupa JC, Carpena J. Competition between disorder creation and annealing in fluoroapatite nuclear waste forms. Journal of Nuclear Materials. 2002; 301(2); 122-128

(Cowin y cols.,1987) Cowin SC, Van Burskirk WC, Ashman RB. Properties of bone. In: Shalak R, Chien S, editors. Handbook of Bioengineering.USA: Mc Graw Hill. 1987; 21.

(Cowin, 1991) Cowin SC. The mechanical properties of cortical bone tissue. In: Cowin SC, editor. Bone Mechanics. Philadelphia: CRC Press. 1991; 181

(Dagmara y cols., 2013) Dagmara M, Kamila B, Agnieszka S-K. Studies on sintering process of synthetic hydroxya. Acta ABC biochimicapolonica. 2013; 60 (4); 851–855

(Damien y Parsons, 1990) Damien CJ and Parsons J R. Bone graft and bone graft substitutes: a review of current technology and applications. J. Appl. Biomaterials. 1990; 2 (3); 187-208.

(De Groot, 1980) De Groot K. Bioceramics consisting of calcium phosphate salts. Biomaterials. 1980; 1 (1); 47-50.

(Deydier y cols., 2003) Deydier E, Guilet R, Sharrock P. Beneficial use of meat and bone meal combustion residue: an efficient low cost material to remove lead from aqueous effluent. Journal of Hazardous Materials. 2003; 101 (1); 55-64.

(Domínguez y cols., 2008) Domínguez MI, Carpena J, Borschnek D, Centeno MA, Odriozola JA, Rose J. Apatite and Portland/apatite composite cements obtained using a hydrothermal method for retaining heavy metals. J Haz. Mat. 2008; 150; 99–108.

(Domínguez y cols., 2009) Domínguez MI, Romero-Sarria F, Centeno MA, Odriozola JA. Gold/hydroxyapatite catalysts Synthesis, characterization and catalytic activity to CO oxidation. Appl. Catal. B. 2009; 87; 245–251.

(Elliot, 1994) Elliot JC. Structure and Chemistry of the Apatites and Other Calcium Orthophosphates. Elsevier. 1994.

(Engin y Tas, 1999) Engin NO, Tas AC. Manufacture of macroporous calcium hydroxyapatite bioceramics. Journal of the European Ceramic Society. 1999; 19; 2569-2572

(Gregg y Sing, 1982) Gregg SJ, Sing KSW. Adsorption, Surface Area and Porosity, Academic Press, London, 1982

(Hernández y cols., 1999) Hernández R, Palma R, Piña MC, Hidroxiapatita y sus aplicaciones. Revista mexicana de física. 1999; 45 (1); 144-147.

(Holmes, 1979) Holmes RE. "Bone regeneration within a coralline hydroxyapatite implant." Plast. Reconst. Surg., 1979; 63: 626-633.

(http://link.springer.com/article/10.1023%2FB%3ANANO.0000034721.06473.23)

(http://www.anatomiahumana.ucv.cl/morfo1/osteomorfo.html)

(http://www.doitpoms.ac.uk/tlplib/bones/bone-replacement.php)

(Ionannidis y Zouboulis, 2003) Ionannidis TA, Zouboulis AI. Detoxification of a highly toxic lead-loaded industrial solid waste by stablization using apatites. Journal of Hazardous Materials. 2003; 97 (1); 173-191

(Jarcho, 1981) Jarcho M. Calcium phosphate ceramics as hard tissue prosthetics. Clin. Orthop. Rel. Res. 1981;157; 259

(Kivrak y Tas, 1998) Kivrak N, Tas AC. Synthesis of calcium hydroxyapatite-tricalcium phosphate 6. Composite bioceramic powders and their sintering behavior, J. Am. Ceram. Soc. 1998; 81; 2245.

(Komlev y cols., 2002) Komlev VS, Barinov SM, Koplik EV. A method to fabricate porous spherical hydroxyapatite granules intended for time-controlled drug release. Biomaterials. 2002; 23(16); 3449-3454.

(Layrolle y cols., 1998) Layrolle P, Ito A, Tateishi T. Sol-gel synthesis of amorphous calcium phosphate and sintering into microporous hydroxyapatite bioceramics, J. Am. Ceram. Soc., 1998; 81; 1421.

(Lim y Wang 1997) Lim GK, Wang J. Processing of hydroxyapatite via microemulsion and emulsion routes. Biomaterials. 1997; 18; 1433-1439.

(Martínez-Valencia y Esperanza-Ponce, 2008) Martínez-Valencia AB, Esperanza-Ponce HE. Caracterización estructural y morfológica de hidroxiapatita nano- estructurada: estudio comparativo de diferentes métodos de síntesis. Superficies y Vacío. 2008; 21(4) 18-21.

(Nagai y cols., 1988) Nagai M, Nishimo T, Saeki T. A new type of carbon dioxide gas sensor comprising porous hydroxyapatite ceramics. Sensors and Actuators. 1988; 15 (2); 145

(Narasaraju y Phebe, 1996) Narasaraju TSB, Phebe DE. Some physico-chemical aspects of hydroxyapatite. Journal of Materials Science. 1996; 31(18); 5002.

(Narita y cols., 1995) Narita H, Takeda Y, Takagaki K, Nakamura T, Harata S, Endo M. Identification of glycosaminoglycans using high-performance liquid chromatography on a hydroxyapatite column. Analytical Biochemistry. 1995; 232, (1) 133-136.

(Ramachandra y cols., 1997) Ramachandra R, Roopa HN, Kannan TS. Solid state synthesis and thermal stability of HAP and HAP- β-TCP composite ceramic powders. Journal of Materials Science: Materials in Medicine.1997; 8; 511-518.

(Raynaud y cols., 2002) Raynaud S, Champion E, Bernache-Assollant D, Thomas P. Calcium phosphate apatites with variable Ca/P atomic ratio I. Synthesis, characterisation and thermal stability of powders. Biomaterials. 2002; 23 (4); 1065-1072.

(Rice, 1996) Rice RW. The porosity dependence of physical properties of materials: A sum. review, Key. Eng. Mater., 1996; 115; 1-21.

(Saiz y cols., 2007) Saiz E, Gremillard L, Menendez G, Miranda P, Gryn K, Tomsia AP. Preparation of porous hydroxyapatite scaffolds. Materials Science and Engineering. 2007; 27; 546–550.

(Sánchez Neira) An efficient approach to the synthesis of a calcium phosphate bone-cement and its reinforcement by hydroxiapatitecristal of different of various particle morphologies, Tesis doctoral María Inés Sánchez Neira, Universidad de Santiago de Compostela.

(Sequeda y cols., 2012) Sequeda LG, Díaz JM, Gutiérrez SJ, Perdomo SJ, Gómez OL. Obtención de hidroxiapatita sintética por tres métodos diferentes y su caracterización para ser utilizada como sustituto óseo. Rev. Colomb. Cienc. Quím. Farm., 2012; 41 (1), 50-66.

(Shi y cols., 2001) Shi D, Jaing G, Wen X. In vitro behavior of hydroxyapatite prepared by a depositon method", Processing and fabrication of advanced materials. 2001; 8; 117..

(Sivakumar y cols., 1996) Sivakumar M, Kumar TSS, Shantha KL, Rao KP, Development of hydroxyapatite derived from Indian coral, Biomaterials. 1996; 17; 1709.

(Suchanek y cols., 1997) Suchanek W, Yashima M, Kakihana M y Yoshimura M. Hydroxyapatite ceramics with selected sintering additives. Biomaterials. 1997; 18; 923-933

(Swain y cols., 2011) Swain SK, Bhattacharyya S, Sarkar D. Preparation of porous scaffold from hydroxyapatite powders. Materials Science and Engineering. 2011; 31 (6) 1240–1244.

(Trager y cols., 1991) Trager T, Matrai J, Gyorgy J, Szabo G. Hard Tissue Repair and Replacement. Biomaterials. 1991; 12; 171.

(Vallet-Regi, 2001) Vallet-Regi M. Ceramics for medical applications. Journal of the Chemical Society- Dalton Transactions. 2001; 2; 97-108.

(Velasco y Garzón, 2009) Velasco Peña MA, Garzón Alvarado DA. Implantes Scaffolds para regeneración ósea. Materiales, técnicas y modelado mediante sistemas de reacción-difusión. 2009

(Vogt y Freitag 1996) Vogt S, Freitag R. Comparison of anion-exchange and hydroxyapatite displacement chromatography for the isolation of whey proteins. Journal of Chromatography. 1996; 760 (1); 125-138

(Wang y cols., 2007) Wang A, Yin H, Liu D. Size-controlled synthesis of hydroxyapatite nanorods in the presence of organic modifiers. Materials Letters. 2007; 61; 2084–2088

(Wei y Ma, 2006) Wei G, Ma PX. Macoporous and nanofibrous polymer scaffolds and polymer/bone-like apatite composite scaffolds generated by sugar spheres. Journal of Biomedical Materials Resarch. 2006; 306-315.

(Yeong y Wang, 2001) Yeong KCB, Wang J. Mechanochemical synthesis of nanocrystalline hydroxyapatite from CaO and CaHPO4. Biomaterials. 2001; 22; 2705–2712.

(Yoshida, 1998) Yoshida K. Osteoinduction capability of recombinant human bone morphogenetic protein- 2 in intramuscular and subcutaneous sites: an experimental study. J Cranio-Maxillofacial Surg. 1998; 26 (2); 112-5.

(Zhu y cols., 2004) Zhu SH, Huang BY, Zhou KC. Hydroxyapatite nanoparticles as a novel gene carrier. NanoparticleRes., 2004 ; 6 (2-3) ; 307–311.

FSC
www.fsc.org
MIX
Papier | Fördert
gute Waldnutzung
FSC® C083411

Kolibri 360 GmbH
Ferdinand-Jühlke-Straße 7
99095 Erfurt, Deutschland
produktsicherheit@kolibri360.de

Druck:
CPI Druckdienstleistungen GmbH
im Auftrag der
Kolibri 360 GmbH
Ferdinand-Jühlke-Str. 7
99095 Erfurt